U0166653

图书在版编目（CIP）数据

非洲象的漫长迁徙 /（英）夏洛特·吉兰文；（英）山姆·亚瑟图；常立译. — 济南：山东友谊出版社，2023.4

ISBN 978-7-5516-2763-4

Ⅰ. ①非… Ⅱ. ①夏… ②山… ③常… Ⅲ. ①长鼻目—普及读物 Ⅳ. ①Q959.845-49

中国国家版本馆CIP数据核字（2023）第056404号

非洲象的漫长迁徙

FEIZHOUXIANG DE MANCHANG QIANXI

选题策划：朱嘉蕊
责任编辑：陈非非
装帧设计：钮　灵
美术编辑：周艺霖

主管单位：山东出版传媒股份有限公司
出版发行：山东友谊出版社
地址：济南市英雄山路189号　邮政编码：250002
电话：出版管理部（0531）82098756
发行综合部（0531）82705187
网址：www.sdyouyi.com.cn
印　　刷：恒美印务（广州）有限公司

开本：889 mm×1194 mm　1/16
印张：2.5　　**字数：**31.25千字
版次：2023年4月第1版　**印次：**2023年4月第1次印刷
定价：55.00元

WHAT THE ELEPHANT HEARD

First Published in 2021 by Welbeck Editions,
An Imprint of Welbeck Children's Limited, part of Welbeck Publishing Group.

山东省著作权合同登记号：图字15-2022-81

策划 / 海豚传媒股份有限公司
网址 / www.dolphinmedia.cn　　**邮箱** / dolphinmedia@vip.163.com
阅读咨询热线 / 027-87391723　　**销售热线** / 027-87396822
海豚传媒常年法律顾问 / 上海市锦天城（武汉）律师事务所
张　超　林思贵　18607186981

非洲象的漫长迁徙

[英] 夏洛特 · 吉兰 / 文 [英] 山姆 · 亚瑟 / 图
常 立 / 译

山东友谊出版社 · 济南

在稀树大草原上，我和我的家人生活在一起。

我会告诉你我们的历史，请你倾听每一个词。

我的祖母有太多的知识可以分享。

她引领我们找到水源，永远知道我们将去向何方。

在她出生以前，是别的大象担任头象。

每一任头象，都把脑海里的故事与象群分享，

庞大的斑马群奔腾而过，长鸣萧萧，

狮子在咆哮，蜂虎在啼叫。

不久，出现了陌生的人类，响起了新的声音：

金属的叮当声，铁锹的刮擦声，激烈的叫喊声。

他们带来了机器，向天空喷射“云朵”，

当它们咔嗒咔嗒经过时，就像鬣狗一样尖叫。

我的曾祖母了解这片草原的每个地方，

她知道角马何时会追随雨水去流浪。

她知道该朝什么方向，

去寻找有水流淌的老地方。

祖母出生时，只是一头小象犊，

草原上还到处是瞪羚和长颈鹿。

她听见飞机低沉的隆隆咆哮，

游客驶过时汽车的呜呜啸叫。

当祖母渐渐年长，草原上传来新的声音：

大卡车的碾磨声，像是痛苦的呻吟；

锯子吱吱嘎嘎，发出凄凄切切的悲鸣。

树木被砍倒，卖给了镇上的人。

当我还是头象犊时，铁丝网挡住了我们的路，

我们听到人类愤怒的呼喊，随后就被他们驱逐。

如今我们听到牛群的吼叫，

尽管水源就在附近，

我们却无法靠近。

有一天，咆哮声将我们吓醒，

紧接着枪鸣声在四周回荡。

我们一直等到日落。偷猎者逃走了，

而我的亲人，已经死亡。

如今，我们正在等待雨水和雷声，

我们等待着角马再一次嘶叫奔腾。

阳光炙烤地面，大地尘土飞扬。

祖母，您是否还能告诉我，水源在何方？

我们穿越大草原，如此疲弱，如此彷徨，

我们周围的土地，空旷又荒凉。

等等……那是什么声音？附近有个水洼！

我们继续前行……

今后，我们又会听见什么？

关于
非洲象的一切

非洲有两种象：非洲草原象和非洲森林象。还有另一种象叫作亚洲象，顾名思义，它们生活在亚洲。

在一个母系象群中，通常只有一位首领，也就是“头象”。它通常是最年长的，带领着它的女儿们和女儿们的象犊生活。头象的经验和知识，可以帮助象群在旱季长途迁徙，找到水源和食物来维系生存、避免危险。

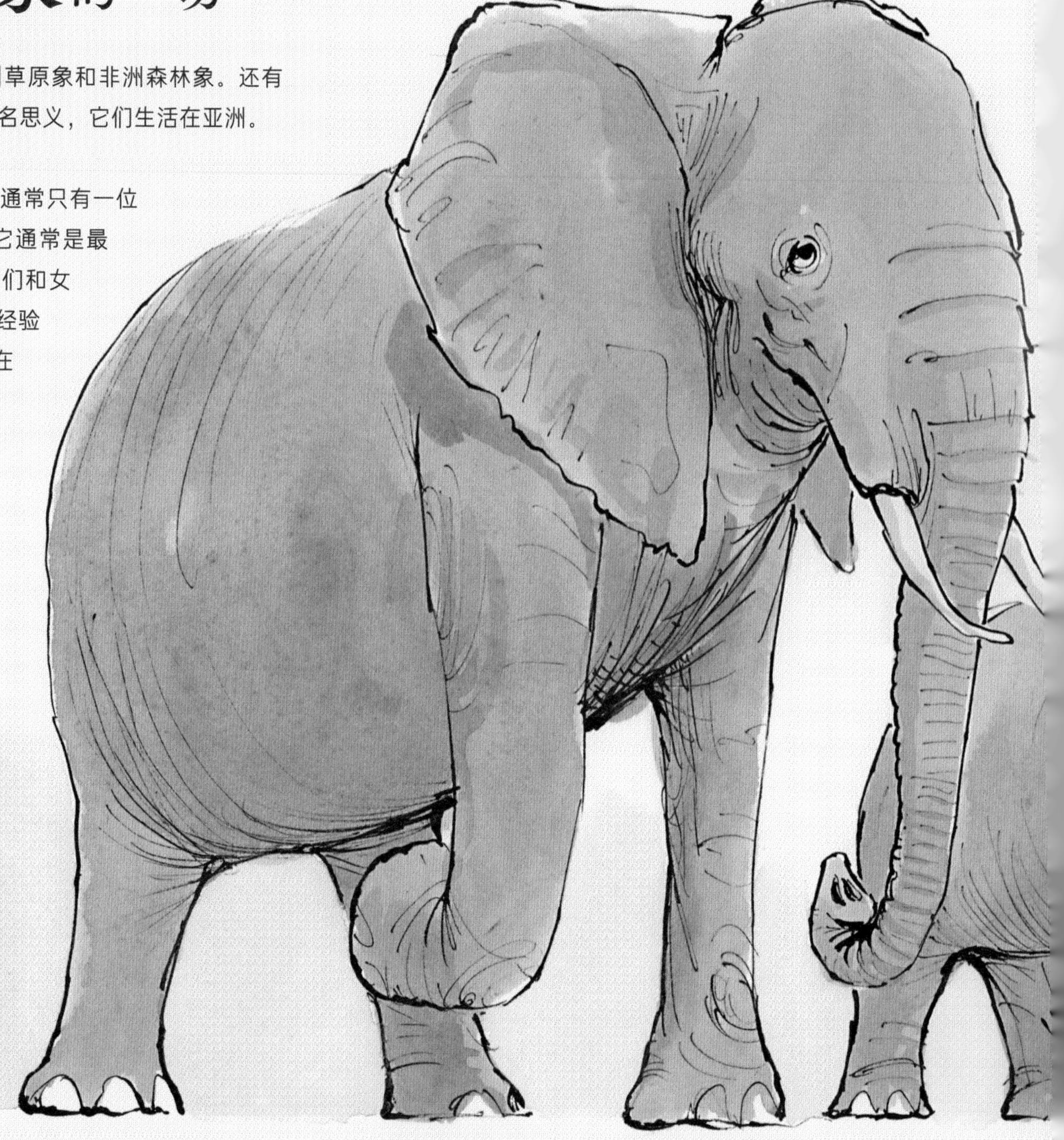

万能的象鼻

象的上唇和鼻子长在一起。象鼻可以长到超过两米长。象可以用象鼻捡起微小的物体，互相抚慰，保护自己，推倒树木，还可以吸水来喝。象鼻敏锐的嗅觉也可以帮助它们找到水源和食物。

凉爽的皮肤

象的皮肤可达 2.5 厘米厚。大象在泥浆和尘土中打滚，清除皮肤上的虫子，保持凉爽。象耳有丰富的血管，可以有效散发热量，帮助象在炎热的太阳下降温。象耳拍打得越多，就说明象越热。

那公象呢？

非洲象是母象主导的部族，公象在 10~12 岁左右会离开象群，和其他雄象组成新的群体。

奇妙的交流

象可以用约 70 种不同的叫声相互交流。这些声音从低沉的隆隆声到响亮的咆哮声，应有尽有。部分研究人员认为，它们敏感的脚还可以感知到地震波。

比你想象得要快

非洲象每天大约可以走 195 千米，但一般情况下能走大约 6 千米。必要时，它们能以 40 千米 / 小时的速度奔跑。

慢慢长大

一头公象可以长到约 4 米高，7 吨重。非洲象的平均寿命约为 70 岁。它们寻找水源的能力需要很长时间的训练才能形成。

强大的象牙

象牙是超长的门牙，大约两岁时开始生长，公象的象牙可以重达 100 多公斤。大象的口腔内一共有 4 颗牙齿，外面的门牙还有 2 颗牙齿。他们一生会换 6 次牙齿，一次更换门牙，剩下 5 次则是更换口腔内的 4 颗牙齿。

巨大的胃

非洲象是食草动物，通常食用草本植物、水果和树叶。一头非洲象每天可以吃掉相当于自己体重 4% 的食物。象知道如何用脚、象鼻和象牙挖掘干涸的河床，找到地下水。

照顾小象

孤儿援救

小象成为孤儿的原因之一，就是偷猎。偷猎者为了获取象牙，猎杀成年象，小象就失去了母亲的陪伴，成为孤儿。幸运的是，一些救援机构会照顾这些孤儿。

救援队员会尽快解救身陷困境的小象，给它牛奶和药物，随后小心翼翼地把它运到救援机构。小象到了那里，就会得到良好的照顾。失去母亲的小象一开始很难过，需要一个温柔体贴的饲养员来全天候照料它。

饲养员就像妈妈一样，每 3 小时给小象喂一次奶，每晚和它一起睡觉！当小象从可怕的遭遇中恢复过来之后，饲养员会和它一起玩耍，让它学习必备的技能，帮助它重返野外。饲养员每天都带着小象一起散步，这样它就可以安全地探索环境，变得更强壮、更自信。

在救援机构长大的小象们可以组成新的家庭。其中相对大一些的母象将学习如何引领和照顾群体中的其他成员，就像母象在野外所做的那样。大约从三岁开始，小象不再喝奶，逐渐学会接触野生象群，适应野外生活。慢慢地，它们和野生象群成为朋友，并向野生象群学习。多年之后，小象们终于准备好离开救援中心，并加入野生象群。它们有时还会回来看望精心照顾过它们的饲养员。

如今，许多勇敢的人担任起野生动物巡护员，让大象免受偷猎者的捕杀。

野生动物巡护员

野生动物巡护员不仅需要多种技能和巨大的勇气，还需要强健的体魄。

在开始工作之前，他们需要接受全面的培训：巡护员必须非常了解保护区的地形以及生活在那里的野生动物。法律方面的培训也少不了，他们还要协助教育当地居民尊重和保护野生动物。他们在广阔的土地上巡逻，追踪象群及其他濒危动物的动态。

巡护员有时不得不在野外生活，一住就是几个月，日夜不停地保护野生动物。他们还要制止偷猎行为——这是一项非常危险的工作。

此外，巡护员还要帮助那些掉进猎人陷阱的动物，并阻止人们对树木的滥砍滥伐。虽然这些工作艰苦异常，但是，他们每天都在拯救生命，是非常光荣的。

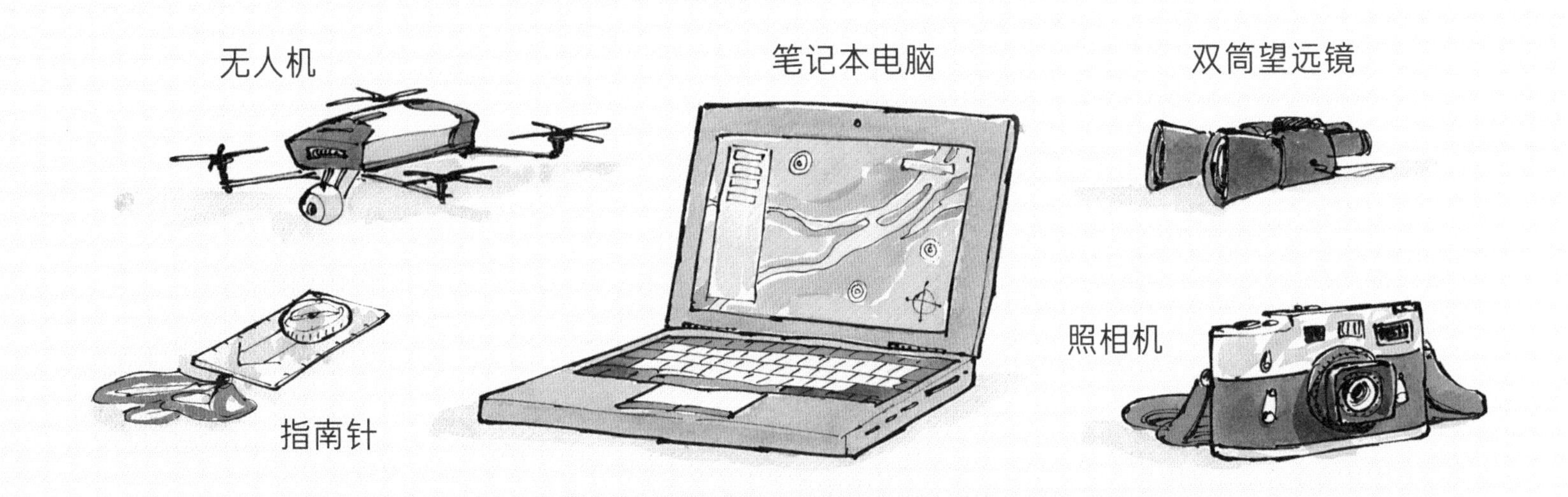

为什么要迁徙？

故事中的大象——非洲稀树草原象，它们进行漫长的迁徙，主要是为了寻找食物和水源。在非洲的旱季，即每年 6 月至 11 月，它们会出发寻找水源以及适合居住的地方，迁徙距离超过 100 千米，到了雨季，才再次回到原生居所。

非凡的记忆力，造就了非洲象的智慧。小象从小就观察其他成年象的行为，学习它们的经验。这种观察能力、学习能力和强大的记忆能力完全出自于动物的本能。象群中年长的、生活经验丰富的母象作为首领，带领象群不断迁徙，寻找水草丰美的栖息地。它们还能在干涸的河床上踩踏和挖掘，发现潜藏在地表之下的水。它们经常用脚和象牙挖大洞，直到有足够的水源提供给象群。

如今，非洲稀树草原象虽然仍然出没在非洲东部和南部，但它们的数量已经在急剧减少。这主要是由于它们的栖息地因为发展农业而被破坏。而且，气候变化导致河流干涸，让非洲象需要经历更漫长的迁徙，才能找到水源。更重要的是，人类也为了获取象牙而猎杀大象。虽然国际上一直在禁止象牙贸易，但偷猎者仍在大肆猎杀大象，并通过出售象牙赚取大量金钱。

我们可以通过支持动物保护组织来帮助它们。例如，世界自然基金会会协助打击偷猎者，避免人象之间的冲突。自然资源保护者会跟踪和监控象群，并帮助巡护员保护它们和其他野生动物。我们还可以告诉朋友和家人大象所面临的问题，提高人们的保护意识，帮助它们繁衍生息。

成为
“保护动物小英雄”

在家附近，你也可以保护野生动物！了解你居住的地方有哪些动物是濒危的，并告诉你的朋友和家人。如果你不去采摘路边的花，你就能帮助到许多昆虫。你还可以为鸟类提供食物和水。外出时，不要在地上乱丢垃圾，捡走你带来的所有东西，并把原有的东西放归原处。也许你可以加入一个野生动物保护组织，做更多的事情，来保护你周围的动物。